小学3・4年 プログラミング

しろくま

北からにげてきた、さむがりで
ひとみしりのくま。あったかい
お茶をすみっこでのんでる
ときがおちつく。

ぺんぎん？

じぶんはぺんぎん？
じしんがない。
昔はあたまにおさらが
あったような…。

とんかつ

とんかつのはじっこ。
おにく1％、しぼう99％。
あぶらっぽいから
のこされちゃった…。

ねこ

はずかしがりやのねこ。
気が弱く、よくすみっこを
ゆずってしまう。

とかげ

じつは、きょうりゅうの
生き残り。
つかまっちゃうので
とかげのふりをしている。

すみっコぐらしのかわいいなかまといっしょに
プログラミング的思考や
プログラミングの基本的な概念について
直感的に、パズル感覚で学ぶことができる
新しいドリルです！

　小学校のプログラミング学習・体験の必修化が、
2020年から始まりました。小学校の現場では、何をど
のように教えればよいのか、まだまだ混乱しているのが
現状です。新しい学習指導要領では、プログラミング学
習のための新しい教科ができるわけではなく、今までの
教科の中で行うことになっています。しかし、どの学年
の、どの教科の、どの単元において、プログラミングを
組み合わせて学習すればよいのか、何を学習の目当てと
し、それをどのように評価すればよいのか、そもそもプ
ログラミングやコンピュータのこともよく分からないの
に、はたして教えることができるのかなど、先生方の不
安や悩みの声が多く聞こえてきます。その混乱は、家庭
教育においても同様です。家庭教育で、プログラミング
学習に対して、何をどのようにサポートしていけばよい
のか心配はつきません。

　本ドリルは、直感的にプログラミング的思考やプログ
ラミングの基本的な概念について、コンピュータを使わ
ずに学ぶことができるように作成した、新しいプログラ
ミング学習のためのドリルです。実際のコンピュータを

使用せずにプログラミングの概念を学ぶことを「アンプラグド・プログラミング」といいます。アンプラグド・プログラミングを実習形式で学ぶことができる本ドリルは、学校の日々の授業の中で活用したり、家庭においても保護者と子どもがいっしょに考えながら活用することができます。本ドリルの問題を解いていくことで、プログラムの働きや便利さ、情報社会がコンピュータをはじめとする情報技術によって支えられていることなどに気づいてほしいと考えています。

　学習する内容は、「順じょ」「くり返し（反復）」「場合分け（分岐）」などの、プログラミングの基本的な概念を、パズルやクイズ感覚で解きながら身につけられるよう工夫しく作成しました。すみっコぐらしのかわいいキャラクターが全ページに登場するので、飽きずに取り組めると同時に、知らず知らずのうちに、より深いプログラミングの世界に入って行くことができるでしょう。本ドリルの活用によって、発展的には、身近な問題の解決に主体的に取り組む姿勢や、コンピュータなどを上手に活用してよりよい社会を築いていこうとする心構えなどを育むことにつながってほしいと願っています。

鈴木二正（すず き つぐまさ）

慶應義塾幼稚舎教諭。慶應義塾大学卒業、同大学院政策・メディア研究科修士課程修了。
米ボストン市近郊のタフツ大学教育工学研究所客員研究員を経て、慶應義塾大学大学院政策・メディア研究科博士課程修了。博士（政策・メディア）。幼稚舎では担任教諭として、ICTを活用した授業構築と実践研究に従事。教育の情報化、メディア知能情報領域を専門とする教育インフラ学者。

Strawberry Fair
・Pancakes
・Sandwiches
・Cakes
・Flavored Tea

この ドリルの 使い方

1

ドリルを した
日にちを
書きましょう。

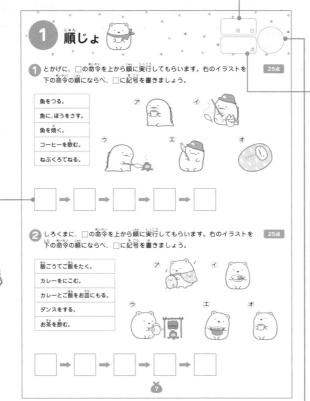

3

終わったら
おうちの 方に
答え合わせを
して もらい、
点数を つけて
もらいましょう。

2

答えは
ていねいに
書きましょう。
ふりがなは
書かなくても
かまいません。
習っていない
漢字は、
ひらがなで
書いても
かまいません。

4

1回分が 終わったら
「できたね ◯ シール」を
1まい はりましょう。

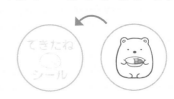

おうちの方へ

●このドリルでは、3年生・4年生向けに、プログラミング的な考えを学習します。

●答えは77～80ページにあります。

●1回分の問題を解き終えたら、答え合わせをしてあげてください。

●まちがえた問題は、どこをまちがえたのか確認して、しっかり復習してください。

●「できたね シール」は多めにつくりました。あまった分は、ご自由にお使いください。

順じょ・くり返し・場合分け

「順じょ」、「くり返し」、「場合分け」は、プログラミングの
基本です。組み合わせると、より複雑な命令になります。

コンピュータは、なぜ動くの？

コンピュータは、人間が命令することで、その命令を実行します。ボタンをおしたらドアが開く、時間がたったら信号機の色が変わるなど、すべて人間が作った命令を実行しているのです。命令のことを「プログラム」、命令を書くことを
「プログラミング」
といいます。

基本その（1）　順じょ

「順じょ」は、命令を、最初からひとつずつ、順番に実行していくことです。「前に進む」「右を向く」「前に進む」「止まる」というように、順番にプログラムを実行することで、コンピュータを思ったように
動かします。

基本その（3）　場合分け

「もし雨がふっていたら」「もし漢字テストが80点以下だったら」など、条件によって、実行する命令が変わるプログラミングを「場合分け」と言います。「順じょ」「くり返し」は、上から順番に命令を実行しますが、「場合分け」は、途中で
実行する命令が何本か
に枝分かれします。

基本その（2）　くり返し

「くり返し」はある命令をくり返し実行することです。「反復」ともいいます。15段の階段を上るとします。「階段を上る」を15回くり返す命令を、「以下を15回くり返す」「階段を上る」と、短い命令で書くことが出来ました。「くり返し」はプログラムを短く、かん単にまとめることができます。

プログラミングのドリルで
「順じょ」を練習しましょう

❶ 順じょ

すみっコぐらしのシールを、下から順番にはりました。どの順番ではりましたか。シールをはった順番に、上からキャラクターの名前を下の▢に書きましょう。

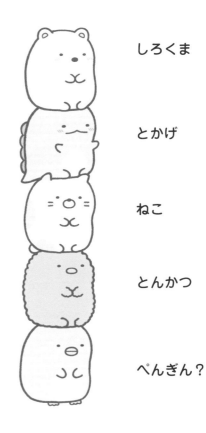

しろくま

とかげ

ねこ

とんかつ

ぺんぎん？

❷ くり返し・場合分け

白い旗は　1マス、赤い旗は2マス、青い旗は3マス進めます。
すみっコぐらしの持っている旗を合わせるとどのマスまで進めるでしょうか。

スタート | 1 | 2 | 3 | 4 | 5 | 6 | 7 | 8 | 9 | 10

答え ▢

月　日

点

できたね
シール

1 とかげに、□の命令を上から順に実行してもらいます。右のイラストを
下の命令の順にならべ、□に記号を書きましょう。　`25点`

魚をつる。
魚に、ぼうをさす。
魚を焼く。
コーヒーを飲む。
ねぶくろでねる。

□ ➡ □ ➡ □ ➡ □ ➡ □

2 しろくまに、□の命令を上から順に実行してもらいます。右のイラストを
下の命令の順にならべ、□に記号を書きましょう。　`25点`

飯ごうでご飯をたく。
カレーをにこむ。
カレーとご飯をお皿にもる。
ダンスをする。
お茶を飲む。

□ ➡ □ ➡ □ ➡ □ ➡ □

3 とんかつをスタートからゴールまで動かしましょう。 　**25点**
動かす順番を、から選んで □ の中に書きましょう。

※前後左右は、自分からではなく、すみっコたちから見た方向を書きましょう。

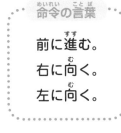

命令の言葉

前に進む。
右に向く。
左に向く。

4 たぴおかを下の命令通りに動かすと、進み方は㋐、㋑の
どちらになりますか？ 　**25点**

※前後左右は、自分からではなく、すみっコたちから見た方向です。

前に進む。
前に進む。
左を向く。
前に進む。
前に進む。
左を向く。
前に進む。
前に進む。

㋐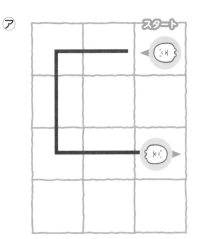

㋑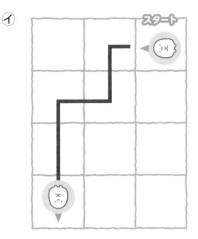

答え

月 日

点 できたね シール

1 キャンディがきそく正しくならんでいます。

□に入るのは、どのキャンディでしょう。

□に、番号を書きましょう。

20点

答え □

2 おかしを   の順にならべています。

これを2回くり返した時、正しい順じょにならんでいるのは、

⑦～⑦のどれですか。□に記号を書きましょう。

30点

答え □

③ ぺんぎん？を、スタートからゴールまで動かします。

□の中に、数字を書きましょう。

※前後左右は、自分からではなく、すみっコたちから見た方向です。

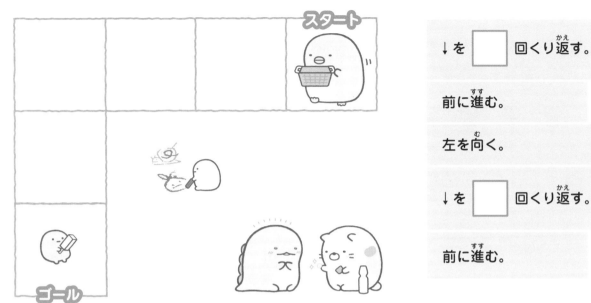

↓を □ 回くり返す。

前に進む。

左を向く。

↓を □ 回くり返す。

前に進む。

④ たぴおかを、下の命令通りに動かすと、進み方はアイウのどれになりますか？

※前後左右は、自分からではなく、すみっコたちから見た方向です。

30点

↓を3回くり返す。

前に進む。

左を向く。

↓を4回くり返す。

前に進む。

右を向く。

↓を2回くり返す。

前に進む。

答え

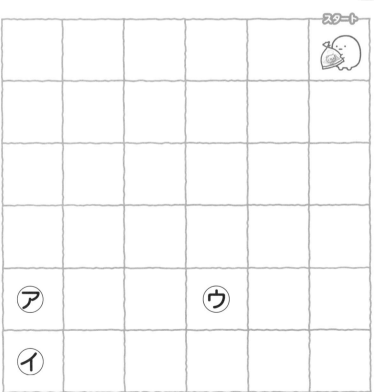

① 下の㋐〜㋒のイラストのうち、下の「じょうけん」に
全て当てはまるのはどれでしょう。

`1つ10点`

┄┄ じょうけん ┄┄
- ●しろくまがいます。
- ●ねこがサイフを持っています。
- ●とんかつがぼうしをかぶっています。

しろくま

ねこ

とんかつ

㋐

㋑

㋒

答え ☐

② すみっコぐらしが旅に出かけたとします。

`1つ10点（40点）`

- ●もし、カメラを持っていれば写真をとる。
- ●もし、トランクを持っていればおみやげを買う。
- ●もし、地図を持っていれば駅に向かう

下のイラストを見て、右の文章で、正しいものには〇、
まちがっているものには×、わからないものには△を
かきましょう。

① ☐ 写真をとった。

② ☐ 山に登った。

③ ☐ おみやげを買った。

④ ☐ 駅に向かった。

3 すみっコぐらしが旅から帰ってくるとします。
これをプログラムの形にすると下のようになります。

●トランクを持っていたら、飛行機で帰ります。

> もし、トランクを　持っている　なら
>
> 飛行機で帰る

●トランクを持っていなければ、電車で帰ります。

> もし、トランクを　持っていない　なら
>
> 電車で帰る

① とかげは何で帰りますか？

② しろくまは何で帰りますか？

---

4 2つのプログラムは1つのプログラムにまとめることが

できます。下のプログラムを見て、下のイラストのすみっコぐらしが
持ち帰ったおみやげの数を書きましょう。

> もし、リュックを　持っている　なら
>
> おみやげを2つ持っている
>
> でなければ
>
> おみやげを1つ持っている

持ち帰ったおみやげの数は
いくつでしょう。

① ぺんぎん？は 〔　　　〕つ

② ねこは 〔　　　〕つ

③ とんかつは 〔　　　〕つ

場合分けで遊んでみよう
ないしょのルールは何？

1 すみっコぐらしのかわいいかべ紙があります。

最初に、あなたがないしょのルールをきめて、おうちの人や友だちが

指さすものを、ルールに合っていたら「当たり」、

合っていなかったら「はずれ」と答えます。

おうちの人や友だちは、いつ、あなたがきめたないしょのルールがわかるでしょう。

ルールのれい

●ハブラシを持っています。　●なにも持っていません。　●1人です。　●2人です。

●4ひきです。　●しろくまです。　●ねこです。　●ぺんぎん？です。

●とんかつです。　●とかげです。　●ねています。

1 たぴおかが左から順番に並んでいます。 `10点`

正しい命令を、□の中に書きましょう。

たぴおかを並べる。
たぴおかを並べる。
たぴおかを並べる。
たぴおかを並べる。

2 上の並べ方は、ちがう命令でも表せます。 `10点`

□の中に、数字を書きましょう。

□ 回くり返す。

たぴおかを並べる。

③ 色のちがう星を並べます。正しい命令を、
　　☐ の中に書きましょう。

| 黄色の星を並べる。 |
| ピンクの星を並べる。 |
| 黄色の星を並べる。 |
| |
| |
| ピンクの星を並べる。 |

④ 上の並べ方は、ちがう命令でも表せます。

　　☐ 回くり返す。

　　黄色の星を並べる。

　　ピンクの星を並べる。

5 黄色の星がないところに、ピンクの星を並べます。 `10点`

正しい命令を ▢ の中に書きましょう。

並べない。
ピンクの星を並べる。
並べない。
並べない。
ピンクの星を並べる。

6 黄色の星が「ある」か、「ない」かをじょうけんにして命令する `10点`

こともできます。星の並び方が変わっても、同じ命令で並べることができます。

正しい命令を ▢ の中に書きましょう。

もし、星が　ある　なら

並べない。

もし、星が ▢ なら

ピンクの星を並べる。

⑦ 星がすべてなくなるまで命令<ruby>めいれい</ruby>をくり返<ruby>かえ</ruby>しましょう。

星が　なくなるまで　[　　　　　]　。

もし、星が　あったら

　　1つなくす。

もし、ない　なら

　　何もしない。

⑧ ピンクと水色の星をすべてペアにする命令<ruby>めいれい</ruby>をくり返<ruby>かえ</ruby>しましょう。

ピンクと水色の星が
すべてペアになるまでくり返<ruby>かえ</ruby>す。

もし、星が　ピンク　なら

　　水色と1つペアにする。

もし、黄色　なら

　　[　　　　　]　。

Scratchを使ってコンピュータでプログラミングしてみよう！

順じょのプログラミング

Scratchの画面

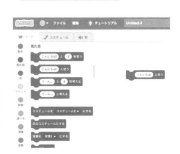

気軽にパソコンでプログラミングにちょう戦できるのがScratchです。このドリルで、基本を身につけたら、おうちの人に相談してチャレンジするのもいいでしょう。
Scratchでは、命令の言葉を「スクリプト」と言います。

「順じょ」の命令画面

順じょのプログラムでは、命令したいスクリプトを重ねていきます。スクリプトは上から順に実行されます。

くり返しのプログラミング

くり返しの命令画面

①指定した回数をくり返す

間にいれた命令をスクリプト（命令）に指定した回数、くり返します。

②あるじょうけんまでくり返す

間に入れた命令を、スクリプトのじょうけんが始まる、または終わるまでくり返します。

③ずっとくり返す

間に入れた命令を、ずっとくり返します。「無限ループ」とも言います。

場合分けのプログラミング

「場合分け」の命令画面

①じょうけんに当てはまる場合

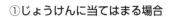

スクリプトは、左のものを使います。「もし」の後にじょうけんを、間に命令を入れます。

②じょうけんに当てはまらないときに命令する場合

スクリプトは左のものを使います。「場合分け」のスクリプトの中に、さらに「場合分け」のスクリプトを入れることもできます。

＊Scratchの画めんは、イメージです。

アルゴリズム

「アルゴリズム」は、命令を実行するときの、「やり方」「手順」のことです。早く正確に実行できるものがよいとされています。

「アルゴリズム」の考え方

プログラミングをするうえで、「アルゴリズム」は、よく聞く言葉ではないでしょうか。目的を達成するために、コンピュークにどういう作業を命令するのか、その「やり方」「手順」のことを「アルゴリズム」といいます。

合理的な手順を考えよう（1）

同じ目的を達成する「アルゴリズム」にも、さまざまなものがあります。たとえば、背の低い順に並ぶとしましょう。自分が後ろの人より背が高かったら、その人の後ろに移動する。これをみんながくり返せば、背の順に並ぶことができますが、時間がかかります。

※合理的な手順を考えよう（2）

どうやったら、もっと早く、背の順にならぶことができるでしょう。二人でペアを組んで、高いほうのグループと低いほうのグループに分かれて、まず、その中で背比べをします。そして、両方のグループの先頭どうしから背比べをしていくと、背の順に並ぶまでの時間が短くなります。

※合理的とはきちんと、道すじを立てて考えること。

こうりつ的なプログラミング

目的は同じでも、より少ない手順で正確に実行できる「アルゴリズム」がよいとされています。プログラムの手順を少し変えるだけで、おどろくほど早く命令を実行できるようになったりもします。「アルゴリズム」の考え方を知ることは、プログラミング学習において、とても大切なことです。

プログラミングのドリルで「アルゴリズム」を練習しましょう ⬇

●アルゴリズム

①とかげからねこの所まで行きます。

→の方向にしか進めません。行き方は全部で何通りあるでしょうか。

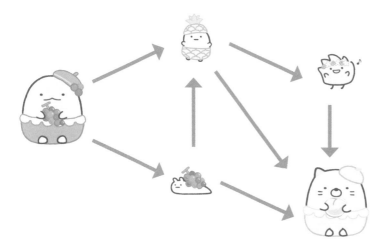

ヒント

それぞれの場所から
何通りの道があるのか
考えてみよう。

答え □ 通り

②えびふらいのしっぽから、とんかつの所まで行きます。

□のところは通れません。同じ場所も通れません。

と中で、かならず全部の  を通るようにします。

一番きょりが短くなる通り方を考えて□の中に方向を書きましょう。

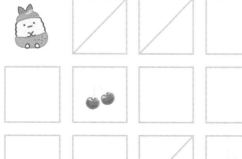

※方向はえびふらいの
しっぽからでなく、
自分から見た方向を
書きましょう。

答え 下 □ 右 右 □ □ 右

月　日

点

1

にんじんを切って、20枚のいちょう切りを作ります。
どの順番で行えば切る回数が一番少なくなりますか。
□ に記号を書きましょう。使わない手順もあります。

全部できて40点

いちょう切り

㋐たてに切る。

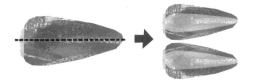

㋑5枚の輪切りにする。

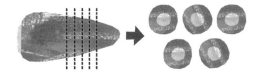

㋒1枚ずつ輪切りを半分に切る。

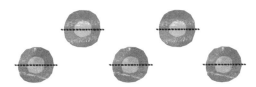

㋓輪切りの半分をさらに1枚ずつ半分に切る。

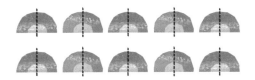

㋔たてに切ったにんじんをさらにたてに
　半分に切る。

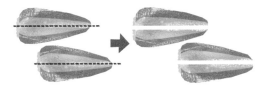

㋕4本を並べてまとめて5回包丁を入れる。

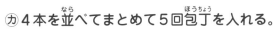
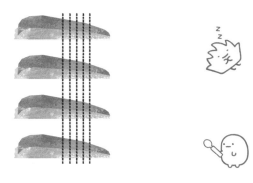

答え

　　　　□　➡　□　➡　□

2 たぴおかが13ひき並んでいます。
たぴおかを数える
やり方として図があらわしている
式を線でつなぎましょう。

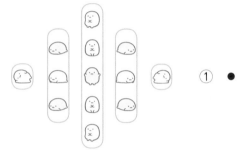

① ●   ● ㋐　$3 \times 4 + 1 = 13$

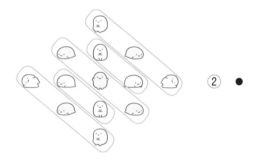

② ●   ● ㋑　$1 + 3 + 5 + 3 + 1 = 13$

③ ●   ● ㋒　$3 \times 3 + 2 \times 2 = 13$

例題 (れいだい)

たぴおかが同じ数になるように、3つの部屋(へや)に分けます。回りの●と●をじょうぎでつなぎ、2本の線(つか)を使って分けましょう。たぴおかに、線がかかってはいけません。

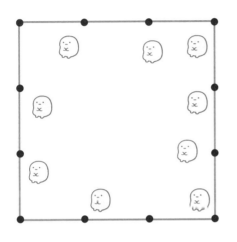

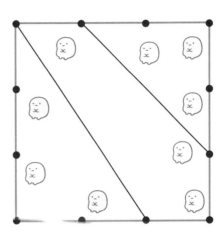

1 たぴおかが同じ数になるように、
4つの部屋(へや)に分けます。
回りの●と●をじょうぎでつなぎ、
2本の線(つか)を使って分けましょう。
たぴおかに、線がかかっては
いけません。

20点

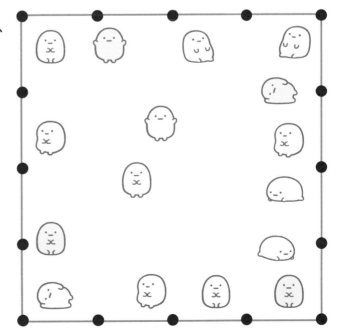

2 たぴおかが同じ数になるように、
4つの部屋に分けます。
回りの●と●をじょうぎでつなぎ、
2本の線を使って分けましょう。
たぴおかに、線がかかっては
いけません。

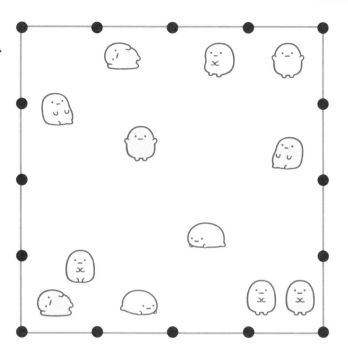

3 水色のたぴおかと
ピンクのたぴおかを同じ数ずつ、
4つの部屋に分けます。
回りの●と●をじょうぎでつなぎ、
2本の線を使って分けましょう。
たぴおかに、線がかかっては
いけません。

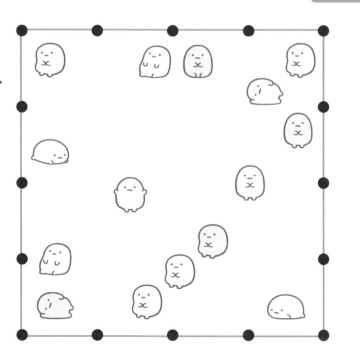

40点

40点

月 日
点
てきたね
シール

1 にせつむりが、とかげの所まで行きます。

遠回りはしません。

たぴおかを通っていく道順は全部でいくつありますか。

①

答え ☐ 通り

②

答え ☐ 通り

2 星・ハート・クローバーがシーソーにのっています。

絵を見て下の㋐〜㋒にどの形をのせればよいか

正しい答えを □ の中に書きましょう。

同じ形は同じ重さです。

①

答え

②

答え

③

答え

イベント処理

「イベント処理」とは「ここをクリックする」のような、何かの操作によって、プログラムが始まる仕組みのことです。

イベント処理とは？（1）

これまで「順じょ」「くり返し」「場合分け」などのプログラムの基本や合理的なプログラムについて学びました。この章では、それらのプログラムがどうやって始まるか、という「イベント処理」について考えます。

イベント処理とは？（2）

「ここをクリックする」「キーボードを打つ」など、何らかの操作がきっかけとなり、プログラムが始まる、そのきっかけのことを「イベント」といい、イベントが始まるプログラムを作ることを「イベント処理」といいます。イベントは「30秒間何もしない」というように、時間がけいかすることで始まるものもあります。

イベント処理のプログラミング（1）

「練習問題」は、川岸にぶつかったとき、船が前に進むように、かじを回す問題です。「右側の岸にぶつかったら」「左側の岸にぶつかったら」と船の動きをイメージしながら答えましょう。「イベント処理」の基本的な考え方です。

イベント処理のプログラミング（2）

電たくの問題は、「キーをおす」ことで計算するという、これも「イベント処理」の基本的な考え方をもとにしています。どのキーをおせば答えがみちびけるのかを合理的に考えましょう。「イベント処理」の理解が深まれば、その次の道順の問題も分かりやすいはずです。ていねいに場合分けをしましょう。

プログラミングのドリルで
「イベント処理」を練習しましょう

●イベント処理

船で旅をしています。

船は必ず、前に向かって進みます。

船が右側の岸にぶつかったときは、ハンドルを左に回します。

船が左側の岸にぶつかったときは、ハンドルを右に回します。

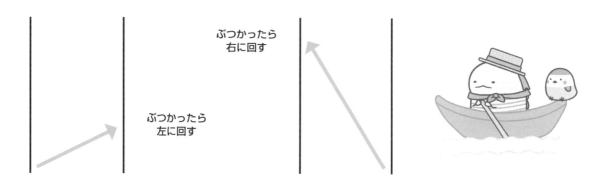

ぶつかったら
右に回す

ぶつかったら
左に回す

船が前に進むとき、それぞれどちらを選びますか。

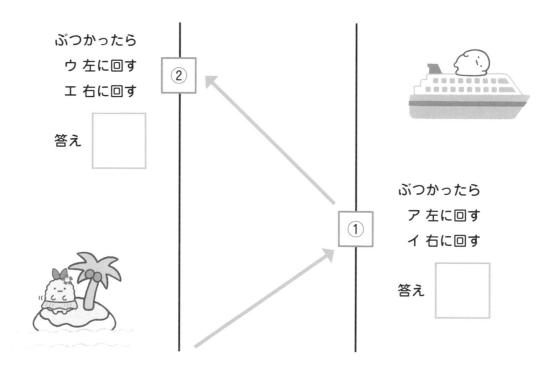

ぶつかったら
ウ 左に回す
エ 右に回す

②

答え

ぶつかったら
ア 左に回す
イ 右に回す

①

答え

イベント処理①

1 電たくで遊んでいます。
式の答えから、＋、－、×、÷のどのボタンをおしたのか
考えてみましょう。

① 8 ⬜ 2 = 6

② 3 ⬜ 2 = 6

③ 4 ⬜ 4 = 8

④ 8 ⬜ 4 = 2

2 式の答えから □ に＋、－、×、÷のでどれが入るか考えてみましょう。

① $(3 \boxed{} 2) \times 2 = 10$

② $8 \boxed{} 2 + 2 = 8$

③ $(5 \boxed{} 1) \div 2 = 2$

④ $2 \times 3 \boxed{} 2 = 12$

⑤ $6 \boxed{} 3 \times 4 = 8$

⑥ $4 \boxed{} 2 - 6 = 2$

1 えびふらいのしっぽから、とんかつの所まで向かいます。
行き止まりは左に進みます。
後ろにもどることはできません。

1つ25点（50点）

① ア、イ、どちらの図だと、えびふらいのしっぽは
とんかつの所に行けますか。

ア

イ

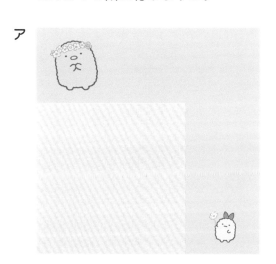

答え

□

② ウ、エでは、どちらがとんかつの所に行けますか。

ウ

エ

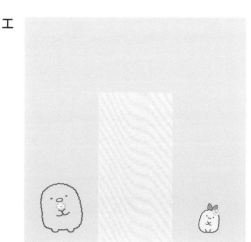

答え

□

2 スタートの所から家まで帰ろうとしています。青信号があったら、前に進みます。黄色信号なら、右に進みます。赤信号なら、左に進みます。家に帰れる道はどれでしょう。

※スタート地点から見た方向で考えましょう。

ア

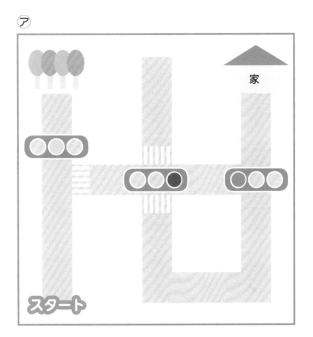

イ

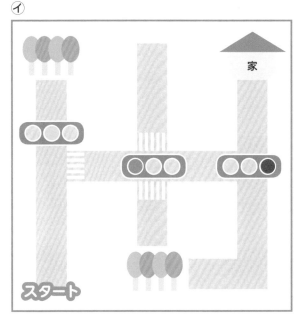

ウ

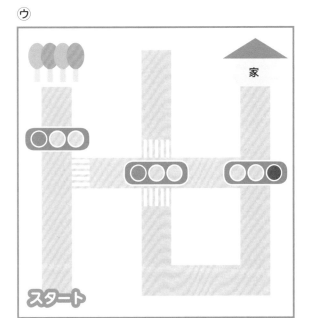

エ

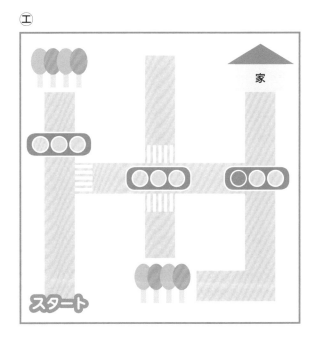

答え

1 すみっコぐらしのコマを使って旗取りゲームをします。

先に旗を取った方が勝ちです。

しろくま→とかげ→しろくま→とかげの順番に動かします。

すみっコは1コマずつしか進めません。

下の図から始めると、どちらのすみっコが勝ちますか。

50点

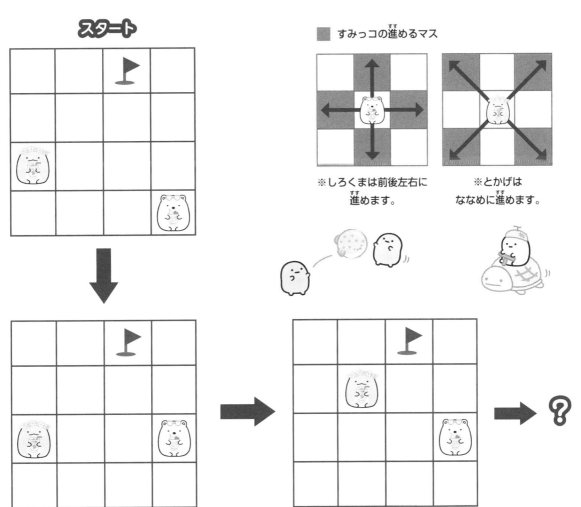

■ すみっコの進めるマス

※しろくまは前後左右に進めます。

※とかげはななめに進めます。

答え

2 すみっコたちのコマを使って旗取りゲームをします。
先に旗を取った方が勝ちです。

とかげ→ねこ→とかげ→ねこの順番に動かします。

すみっコは1コマずつしか進めません。

下の図から始めると、どちらのすみっこが勝ちますか。

スタート

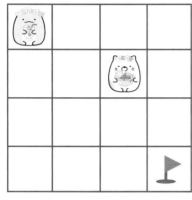

すみっコの進めるマス

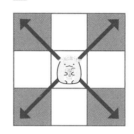
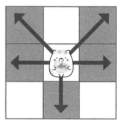

※とかげは前後左右に　　※ねこは上と左右ななめ下に
　進めません。　　　　　　進めません。

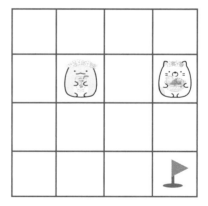

答え

デバッグ

プログラムの中でまちがっている部分を見つけてしゅう正することを「デバッグ」といいます。デバッグはプログラミングを進めていく上で重要な作業です。

デバッグのイメージ

例えばお医者さんのしんりょうをイメージしてみてください。具合が悪いかん者に対して、問しんをして、どんな病気かしんだんして、必要な薬を出します。この一連の流れすべてが「デバッグ」といえます。「不具合の原いんをさがして、直すこと」と覚えておくといいでしょう。

デバッグとは？

コンピュータは、プログラムの通りに動くため、プログラムがまちがっていると、まちがった処理をしてしまいます。このプログラムのまちがいの原いんを「バグ」といい、プログラムからバグを見つけてしゅう正することを「デバッグ」といいます。

デバッグのプログラミング①

「練習問題」は、指示どおりにはってあるはずのシールがまちがっていた時、どこでまちがっていたのかをさがす問題です。最初の指示を見ながらまちがえているところを答えましょう。

バグとは？

「バグ」とは「虫」という意味の英単語で、コンピュータの世界ではプログラムにふくまれるまちがいのことを指します。バグには主に2種類あり、1つ目は単語の入力まちがいなど、2つ目は指示・命令のまちがいです。

プログラミングのドリルで「デバッグ」を練習しましょう

●デバッグ

① すみっコぐらしのシールを、しろくま→ねこ→ぺんぎん？→とかげ→とんかつ、の順番にはろうと思いました。はり終わると、（あ）になってしまいました。ア～オのどのすみっコのシールをはった時にまちがえたのでしょうか？

（あ）

| ア しろくま | イ ねこ | ウ とんかつ | エ とかげ | オ ぺんぎん？ |

 答え □

② また、正しく直された図はA～Cのどれでしょう。

A

B

C

 答え □

11 デバッグ①

月　日
点
てきたね
シール

1 うみっコたちのシールがはられています。
同じもの同士でペアを作りますが、1つだけ
ペアにならないものがあります。

1つ50点（100点）

① ペアにならなかったうみっコに○をつけましょう。

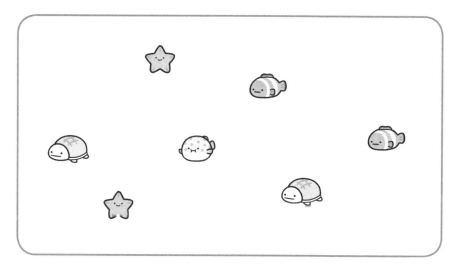

② うみっコたちのシールがたくさんはられています。
こちらもペアにならないものに○をつけましょう。

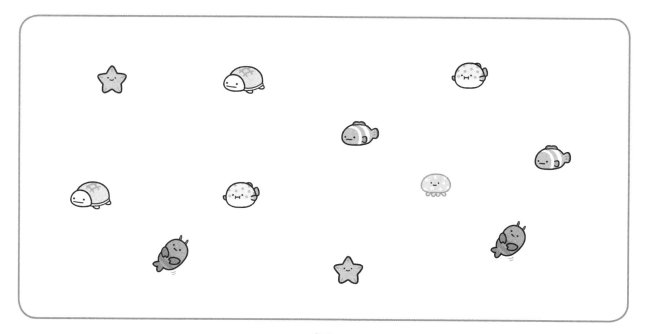

❶ 左のイラストの通りに、とんかつと材料（ざいりょう）を下からのせていくのに、まちがっているのは、どちらの順番（じゅんばん）でしょう。　40点

A	B
パンを置（お）く	パンを置（お）く
レタスをのせる	レタスをのせる
チーズをのせる	チーズをのせる
トマトをのせる	トマトをのせる
とんかつをのせる	とんかつをのせる
ソースをかける	ソースをかける
目玉焼（や）きをのせる	トマトをのせる
レタスをのせる	レタスをのせる
パンをのせる	パンをのせる

旗（はた）を立てたらできあがり

答え ☐

② のりまきを作ろうと思います。
と<ruby>中<rt>ちゅう</rt></ruby>で作る<ruby>順<rt>じゅん</rt></ruby>じょをまちがえてしまいました。
下のまちがった図を正しい<ruby>順<rt>じゅん</rt></ruby>じょに直しましょう。

A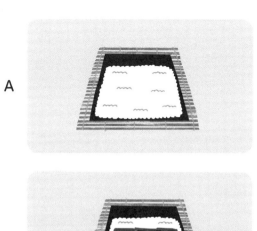

正しい<ruby>順<rt>じゅん</rt></ruby>じょ

↓

B

↓

C

↓

D

1 スーパーに買い物にきています。買い物が早く終わる
ように、買い物メモの順番通りに買い物をしていましたが、
と中でまちがってしまいました。スーパーの売り場を見て、
まちがいを正しく直して □ の中に書きましょう。

1つ5点（10点）

買い物メモ

1.ジュース　2.パン

正しい順番

入口から入る
パンをカゴに入れる
ジュースをカゴに入れる
レジでお金をはらう
出口から出る

→

入口から入る	
	をカゴに入れる
	をカゴに入れる
レジでお金をはらう	
出口から出る	

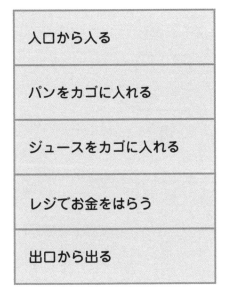

スーパーの売り場地図

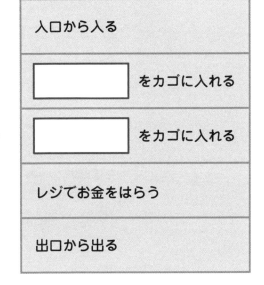

おかず売り場　肉売り場　魚売り場
パン売り場　おかし売り場　調味料売り場　飲み物売り場　野菜売り場
レジ
出口　入口

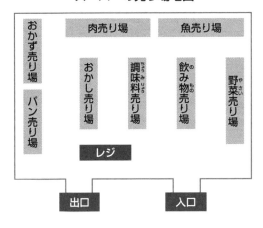

2 スーパーに買い物にきています。

メモの順番通りに買い物をしたら、

時間がかかってしまいました。入口から出口までのやじるしを見て

早く買い物が終わる順番を考えて □ の中に書きましょう。

スーパーの売り場地図

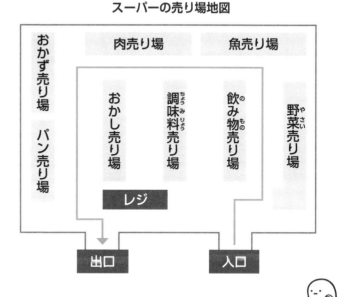

	肉売り場		魚売り場	
おかず売り場 パン売り場	おかし売り場	調味料売り場	飲み物売り場	野菜売り場
	レジ			

出口　入口

買い物メモ

1. トマト
2. 牛肉
3. パン
4. 牛にゅう

正しい順番

入口から入る	入口から入る
トマトをカゴに入れる	□ をカゴに入れる
牛肉をカゴに入れる	□ をカゴに入れる
パンをカゴに入れる	□ をカゴに入れる
牛にゅうをカゴに入れる	□ をカゴに入れる
レジでお金をはらう	レジでお金をはらう
出口から出る	出口から出る

③ みんなできのこがりに行きました。

カゴにいっぱいになるまで、きのこをとります。
下のプログラミングの命令画面でまちがっているところを
正しく直して □ の中に書きましょう。

正しいプログラム

かごがいっぱいになるまでくり返す
もしカゴがいっぱいなら
きのこをカゴに入れる
もしカゴがいっぱいてないなら
とるのをやめる

→

かごがいっぱいになるまでくり返す
もしカゴが [　　　] なら
きのこをカゴに入れる
もしカゴが [　　　] なら
とるのをやめる

おうちの
かたへ

変数（へんすう）

プログラミングで重要な考え方のひとつである「変数」。
様々なデータをほぞんしておける場所のことです。

「変数」とは？

変数は、プログラミングでは「値（データ）を入れておく箱」のことです。プログラムで使用する値（データ）を一時的に覚えておくことができ、必要な時にその値（データ）を参照したり、値（データ）によって処理を変こうしたりする時に使われます。
1つの変数にほぞんできるのは1つの値です。

身近な「変数」

コンピュータゲームなどにも変数は使われており、たとえば名前＝ユーザー名や何ポイントかくとくしたかなどのスコア、残り時間、クリアしたかしていないかなど、ゲーム内にほぞんしておくものが変数になります。

ほぞんできるのは1つだけ！

「練習問題」ではキャラクターが手にしているアイテムをしつ問しています。変数は、「値（データ）を1つだけ入れることができる」「新しく値（データ）を入れると、もとの値（データ）は新しい値（データ）に上書きされる」ため、最後に手にしたものが答えになります。むずかしいときは手にした順番を書き出すとよいでしょう。

値（データ）の種類

変数に入れることができる値（データ）には、文字や数字など様々な種類のものがあります。ただし、入れる値（データ）の種類はあらかじめ決めておく必要があります。「入れ物」の問題や、「お弁当」の問題では、数字を値（データ）として使っているので、足し合わせたり、数の大きさをくらべたりして、楽しく取り組めるでしょう。

プログラミングのドリルで
「変数」を練習しましょう

●変数

すみっコぐらしにアイテムをわたします。

すみっコはアイテムを１つだけしか持てません。

アイテムを持っていても、最後にわたされたアイテムを受け取ると、

前のアイテムはなくなります。

① とかげに、トランクをわたした場合、正しいイラストはどれでしょう。

A 　B 　C 　答え

② ねこに、地図をわたした場合、正しいイラストはどれでしょう。

A 　B 　C 　答え

　　　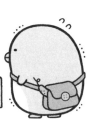

1 すみっコぐらしにアイテムをわたします。

すみっコはアイテムを1つだけしか持てません。

アイテムを持っていても、最後にわたされたアイテムを受け取ると、

前のアイテムはなくなります。

1つ25点（50点）

① ぺんぎん？にふうせんをわたします。

その後、ポシェットをわたしました。

この場合、正しいイラストはどれでしょう。

A 　　　　B 　　　　C

答え

② ねこに、リュックをわたします。とかげに魚のポシェットをわたします。

（さらに）ねこにトランクをわたします。この場合、正しいイラストはどれでしょう。

A 　　　　B

C

答え

2 すみっコぐらしにアイテムをわたします。
すみっコはアイテムを1つだけしか持てません。
アイテムを持っていても、最後にわたされたアイテムを受け取ると、
前のアイテムはなくなります。①、②のように指示された場合、
正しいイラストはどれでしょうか。

① えびふらいのしっぽに地図をわたします。
しろくまにトランクをわたします。
えびふらいのしっぽがしろくまに
地図をわたします。

A

答え □

B

② とかげにふうせんを持ってもらいます。
とかげのアイテムをしろくまに
わたします。
とかげにトランクをわたします。

A

答え □

B

1 キャンディが入れ物に入っています。

それぞれ、コップには1こ、バッグには3こ、プレゼント箱には5こ

入っています。下の組み合わせの場合、キャンディは何こになるでしょう。

1つ10点（30点）

コップ

バッグ

プレゼント箱

①

答え 〔　　　　〕こ

②

答え 〔　　　　〕こ

③

答え 〔　　　　〕こ

2 キャンディが入れ物に入っています。

それぞれ、コップには1こ、バッグには3こ、プレゼント箱には5こ
入っています。下の組み合わせの場合、キャンディは何こになるでしょう。

①

答え  こ

②

答え  こ

③

答え  こ

1 4人でおべん当を作っています。

それぞれ、Aさんがたこウィンナーを2つ、Bさんが玉子焼きを6つ、

Cさんがおにぎりを3つ、Dさんがきゅうりを1つ入れます。

1つ20点（40点）

① AさんとCさんが作ったおべん当はどれですか。

　あ　たこウィンナー2つとおにぎり3つ

　い　きゅうり1つと玉子焼き6つ

　う　おにぎり3つと玉子焼き2つ

答え

② どの組み合わせが、おかずが一番多いですか。

　あ　AさんとBさんで作る。

　い　AさんとCさんとDさんで作る。

　う　BさんとCさんで作る。

　え　BさんとDさんで作る。

答え

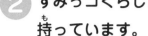
2 すみっコぐらしがそれぞれ、数のちがうアイスクリームを持っています。

しろくま　　　ぺんぎん？　　　とんかつ　　　ねこ　　　にせつむり

① すみっコたちの組み合わせで、アイスクリームの多い順に並べましょう。

　　㋐　しろくまとぺんぎん？

　　㋑　しろくまとにせつむり

　　㋒　ねことにせつむり

　　㋓　とんかつとぺんぎん？

答え □ → □ → □ → □

② アイスクリームの数が同じになるのは、㋔〜㋗のどれとどれでしょう。

　　㋔　ぺんぎん？ととんかつ

　　㋕　ねことにせつむり

　　㋖　にせつむりとしろくま

　　㋗　しろくまとねこ

答え □ と □

プログラミングの考え方

関数（かんすう）

関数は、プログラムのなかでそれだけでどく立（りつ）した命令（めいれい）のかたまりのこと。プログラムでよく必要（ひつよう）となる共通の処理（しょり）には関数（かんすう）を使（つか）います。

関数（かんすう）とは

関数（かんすう）は、何度（なんど）も使（つか）う命令（めいれい）のまとまりのこと、または役目（やくめ）を持（も）った命令（めいれい）のかたまりのことです。それだけでどく立（りつ）した命令（めいれい）のかたまりなので、様々（さまざま）な場面（ばめん）でさい利用（りよう）ができます。何度（なんど）も使（つか）う命令（めいれい）のかたまりがあればそれを関数（かんすう）にすればよいのです。

関数（かんすう）のプログラミング

プログラミングでは、ふく数（すう）の命令（めいれい）を組（く）み合（あ）わせてオリジナルの命令（めいれい）を作（つく）ることができます。これを関数（かんすう）と言（い）います。関数（かんすう）は、必要（ひつよう）な処理（しょり）に名前（なまえ）をつけてまとめたもので、値（あたい）（データ）をあたえると、その値（あたい）（データ）を利用（りよう）して処理（しょり）が行（おこな）われます。

引数（ひきすう）とは

引数（ひきすう）とは、必要（ひつよう）な処理（しょり）に名前（なまえ）をつけてまとめた関数（かんすう）にあたえる値（あたい）（データ）のこと。その値（あたい）（データ）を利用（りよう）することでプログラムの中（なか）で何度（なんど）も同（おな）じような処理（しょり）を行（おこな）えるようになります。たとえば上（うえ）に1マス進（すす）むという命令（めいれい）を4回（かい）くり返（かえ）したいとき、「4」という数（すう）が引数（ひきすう）になります。

プログラミングドリル

「練習問題（れんしゅうもんだい）」では、すみっコたちが進（すす）む距離（きょり）を指定（してい）することを通（とお）して、引数（ひきすう）を持（も）つ関数（かんすう）を学（まな）べるようにしました。進（すす）む距離（きょり）を1回（かい）ずつ命令（めいれい）する基本的（きほんてき）な方法（ほうほう）、進（すす）む分（ぶん）をまとめて命令（めいれい）する方法（ほうほう）、つまり関数（かんすう）の考（かんが）え方（かた）について練習（れんしゅう）しましょう。

プログラミングのドリルで「関数（かんすう）」を練習（れんしゅう）しましょう

●関数

マス目に線を引きます。

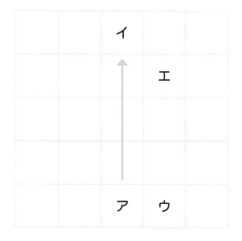

① アからイまで線を引くとき、どのように命令しますか。
空いているところに命令を入れてください。

上に1マス進む。
上に1マス進む。
上に1マス進む。

② アからイまで線を引くには、下のような命令でも同じ線を引けます。

4回くり返す。

上に1マス進む。

ウからエまで線を引くとき、□には何が入りますか。

□回くり返す。

上に1マス進む。

17 関数①

1 パンを作ろうとしています。

（1）、（2）、（3）、（4）の順番で実行すると、パンが作れます。

1つ10点（20点）

パンを作る

（1）材料をまぜる。
（2）材料をこねる。
（3）形を作る。
（4）オーブンで焼く。

① パンを3回作るには、□に何を入れて実行すればいいですか。

□ 回くり返す。

材料をまぜる。

材料をこねる。

形を作る。

オーブンで焼く。　　　　答え □

② また、パンを5回作るには、□に何を入れて実行すればいいですか。

□ 回くり返す。

材料をまぜる。

材料をこねる。

形を作る。

オーブンで焼く。　　　　答え □

2 アイスクリームを作ろうとしています。

（1）、（2）、（3）の順番で実行すると、アイスクリームが作れます。

> **アイスクリームを作る**
>
> （1）コーンを持つ。
> （2）アイスクリームをのせる。
> （3）トッピングをかざる。

① アイスクリームを3つオーダーされた時、「アイスクリームを作る」を
何回くり返せばいいですか。

答え ☐ 回

② アイスクリームを5つオーダーされた時、A、Bには何が入りますか。

| A | 回くり返す。 |

コーンを持つ。

アイスクリームを ☐ B ☐ 。

トッピングをかざる。

A ☐

B ☐

アイスクリームを作ろうとしています。

左下のアイスクリームを作るには、右下の順番（じゅんばん）で実行（じっこう）します。

> ### アイスクリームを作る
>
> （1）コーンを持（も）つ。
> （2）アイスクリームをのせる。
> （3）トッピングをかざる。

① 3段重（だんがさ）ねのアイスクリームを2つオーダーされた時、A、Bには何が入りますか。

A	回くり返（かえ）す。

コーンを持（も）つ。

アイスクリームをのせる。

アイスクリームをのせる。

B	をのせる。

トッピングをかざる。

A ☐

B ☐

1 ●がスケートリンクの上を動きます。
スタートから矢印↑の方向に向かって、図のように
あとがついた時、ア〜ウの、どの動きをしたでしょう。

30点

ア　3回くり返す。

　　前に進む。

　　右に直角に曲がる。

イ　4回くり返す。

　　前に進む。

　　右に直角に曲がる。

ウ　4回くり返す。

　　前に進む。

　　左に直角に曲がる。

↑

スタート

答え

2 ●がスケートリンクの上を動きます。

スタートから矢印↑の方向に向かって、図のようにあとがついた時、

ア〜オの、どの動きをしたでしょう。

①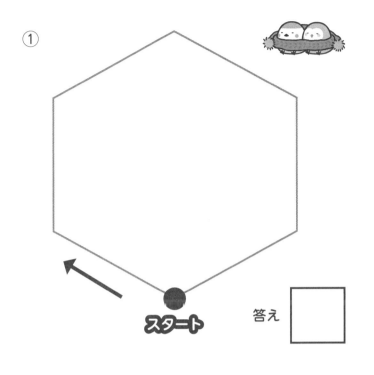

答え ☐

ア
5回くり返す。
前に進む。
左にゆるく曲がる。

イ
5回くり返す。
前に進む。
右に急な角度に曲がる。

ウ
6回くり返す。
前に進む。
左にゆるく曲がる。

②

スタート

答え ☐

エ
6回くり返す。
前に進む。
右にゆるく曲がる。

オ
6回くり返す。
前に進む。
左に急な角度に曲がる。

1 5人でカフェに行きました。
パンケーキとコーヒーをたのむと
パンケーキセットになります。

> **パンケーキセット**
>
> （1）パンケーキ
> （2）コーヒー

① 5人でカフェに行き、全員がパンケーキセットをたのむと、
　□に何が入りますか。

パンケーキセット（パンケーキ＋コーヒー）を □ つたのむ。

② 3人は、コーヒーとパンケーキを、
　2人は、パンケーキだけをたのんだ時は、
　□に何が入りますか。

ケーキセットを □ つと、パンケーキを2つたのむ。

おうちの かたへ

二進法で数える

コンピュータは、０と１の２つの数字しか使わないため、プログラミングを理解するためには「二進法」の考え方を覚えておきましょう。

十進法と二進法

日常生活で使っているのは「十進法」です。「９」の次は「１０」になって位が上がります。コンピュータは、電気が通る「１」と、通らない「０」の２つの数で動きます。だから計算も「１」と「０」ですることになります。０は０、１は１ですが２は使えないので、位が上がって「１０」になります。３は「１１」、４は位が上がって「１００」になります。

十進法とのちがい

二進法では１９が「１００１１」、２０が「１０１００」となり、位は大きくなりますが、数字は「１」と「０」しかないので計算はしやすくなります。コンピュータや電たくは、実は十進法で入力した数を内部で二進法に変かんして計算し、また十進法にもどして画面に表じしているのです。

コンピュータの二進法

コンピュータは２つのコードでじょうほうを表げんしています。イエス⇆ノー、オン⇆オフ、黒⇆白、右⇆左、ある⇆ない、プラス⇆マイナス、０⇆１などもそうです。５０音を「１」と「０」を使ってコード化することもできるのです。

じょうほうの単位

ファックスが送信されるときに、高い音と低い音（ピーヒョロヒョロという感じの音）がしますが、これは「１」と「０」が使われています。ＣＤやＤＶＤは表面が反しゃするか反しゃしないかによって表されています。２つのコードで表したじょうほうにつける単位をビットとよんでいます。

プログラミングのドリルで「二進法」を練習しましょう ⬇

●二進法で数える

すみっコぐらしのカードがあります。

イラストが見えている方が表で「1」、見えていないうらが「0」です。

並んでいる順に「1」と「0」で書き表してみましょう。

〈例〉

答え | 1010 |

①

答え

下のような順番で、たぴおかのカードを並べます。

② 「00101」のとき、表に見えているたぴおかの合計の数はいくつでしょう。

答え

③ 「11010」のとき、表に見えているたぴおかの合計の数はいくつでしょう。

答え

月 日

点

できたね
シール

① いつも使う十進法で「317」は100が ⁽¹⁾ ☐ こ、

10が ⁽²⁾ ☐ こ、1が ⁽³⁾ ☐ こです。

当てはまる数を書きましょう。

全部できて10点

※数字としては「3」「1」「7」でも、
それぞれ100や10や1が
かくれています。

答え

(1) ☐　　(2) ☐　　(3) ☐

② 十進法では、100や10がかくれていますが、
二進法では2がかくれています。

1つ15点(45点)

16（2が8こ）　8（2が4こ）　4（2が2こ）　2（2が1こ）　　1

〈例〉「1」は、二進法で5けたで表すと「00001」です。
　　　「2」は、二進法で5けたで表すと、「00010」です。
　　　では「3」はどうなるでしょう。
　　　ヒントは「2＋1」です。

答え　| 00011

① 「5」は二進法で5けたで表すと、どうなるでしょう。
　　ヒントは「5＝4＋1」です。

答え

② 「7」は二進法で5けたで表すと、どうなるでしょう。
　　ヒントは「7＝4＋2＋1」です。

答え

③ 「9」は二進法で5けたで表すと、どうなるでしょう。
　　ヒントは「9＝8＋1」です。

答え

メモ

二進法で1〜10までの数を表すと、1（00001）、2（00010）、3（00011）、
4（00100）5（00101）、6（00110）、7（00111）、8（01000）、
9（01001）、10（01010）になります。

3 二進法でも、十進法でも、それぞれの位の「1」には、　　　**1つ15点（45点）**
位におうじた重みがあります。

16（2が8こ）　　8（2が4こ）　　4（2が2こ）　　2（2が1こ）　　　　1

〈例〉「10010」は、十進法だと、「16」と「2」が表になっ
　　　ているので、「18」です。

　　　「10011」は十進法で表すと、いくつでしょう。　　　答え　　**19**

① 「01001」は十進法で表すと、いくつでしょう。
　ヒント「8」「1」が表になっています。　　　　　　　　答え

② 「10111」は十進法で表すと、いくつでしょう。
　ヒント「16」「4」「2」「1」が表になっています。　　答え

③ 「01101」は十進法で表すと、いくつでしょう。　　　　答え

月 日
点
できたね
シール

二進法の足し算・引き算

二進法で1～10までの数を表すと、1（00001）、2（00010）、3（00011）、4（00100）、5（00101）、6（00110）、7（00111）、8（01000）、9（01001）、10（01010）になります。

二進法の足し算、引き算は、小学2年生で習う筆算と同じやり方で計算ができます。

2+6

	0	0	0	1	0
+	0	0	1	1	0
	0	1	0	0	0

2はくり上がって次の位に1上がります。

次の位の足し算でも2になったら、さらに次の位に1上がります。

8になっています。

10-6

引けないときは次の位から1を2として持ってきます。

	0	1	0	1	0
−	0	0	1	1	0
	0	0	1	0	0

1になっています。

---

1 二進法の足し算をしましょう。

1つ5点（20点）

① 1+2

	0	0	0	0	1
+	0	0	0	1	0

② 1+4

	0	0	0	0	1
+	0	0	1	0	0

③ 8+5

	0	1	0	0	0
+	0	0	1	0	1

④ 7+18

	0	0	1	1	1
+	1	0	0	1	0

2 足し算の式を見て、二進法（にしんほう）で書いてみましょう。 | 1つ15点（30点）
式の答えも書きましょう。

① 3+9

+					

② 22+6

+					

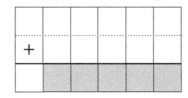

3 二進法（にしんほう）の引き算をしましょう。 | 1つ5点（20点）

① 5−1

	0	0	1	0	1
−	0	0	0	0	1

② 6−4

	0	0	1	1	0
−	0	0	1	0	0

③ 10−7

	0	1	0	1	0
−	0	0	1	1	1

④ 23−9

	1	0	1	1	1
−	0	1	0	0	1

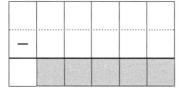

4 引き算の式を見て、二進法（にしんほう）で書いてみましょう。 | 1つ15点（30点）
式の答えも書きましょう。

① 13−4

−					

② 21−11

−					

月　日

点

てきたね
シール

二進法のかけ算・わり算

二進法で1〜12までの数を表すと、1（00001）、2（00010）、3（00011）、4（00100）、5（00101）、6（00110）、7（00111）、8（01000）、9（01001）、10（01010）、11（01011）、12（01100）になります。

二進法のかけ算は、小学3年生で習うかけ算の「筆算」と同じやり方で、わり算は、小学4年生で習うわり算の「筆算」と同じやり方で計算が出来ます。

かけ算もわり算も頭の0は取って計算できます

2×3

	1	0
×	1	1
	1	0
1	0	
1	1	0

6になっています。

10÷2

				1	0	1
	1	0	) 1	0	1	0
				1	0	
						0

5になっています。

---

1 二進法のかけ算をしましょう。

1つ10点（40点）

① 5×2

	1	0	1
×		1	0

② 3×3

		1	1
	×	1	1

③ 4×2

	1	0	0
×		1	0

④ 6×2

	1	1	0
×		1	0

二進法で1〜12までの数を表すと、1（00001）、2（00010）、3（00011）、4（00100）、5（00101）、6（00110）、7（00111）、8（01000）、9（01001）、10（01010）、11（01011）、12（01100）になります。

2 二進法のわり算をしましょう。

① 12÷6

1	1	0	) 1	1	0	0

② 8÷2

1	0	) 1	0	0	0

③ 6÷2

1	0	) 1	1	0

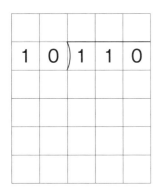

④ 12÷3

1	1	) 1	1	0	0

3 二進法の少しむずかしいかけ算とわり算をしましょう。

① 5×3

	1	0	1
×		1	1

② 15÷5

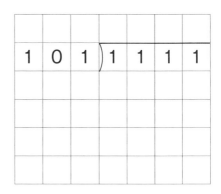

1	0	1	) 1	1	1	1	

Scratchを使ってコンピュータでプログラミングしてみよう！

イベントのプログラミング

イベントの命令画面

①プログラミングを始める場合

キーを打つ、音が大きくなるなど何らかの操作がきっかけとなり、イベントが始まります。

②イベントを作成する場合

ブロックの中にイベントを始めるじょうけんを入れます。じょうけんに指定できるものは全てイベントにできます。

変数のプログラミング

変数の命令画面

プログラミングで使う値（データ）は上のようなスクリプト（命令）を使います。例えば、ゲームの「得点」を計算するときなどにも便利です。

上のようにスクリプトを重ねることで、旗を押すとゲームを始めるじょうたい、つまり得点が0から始めるという命令になります。

得点によって、ゲームの勝敗を知らせることもできます。

関数のプログラミング

関数の命令画面

ブロック定ぎを使ってふく数の命令を1つにまとめて実行する関数を作ります。「メソッド」ともいいます。

定ぎブロックのなかに、くり返しの指示や「もし～なら」や「10歩動かす」などのスクリプト（命令）を入れることで、命令をまとめていつでも実行することができます。

＊Scratchの画めんは、イメージです。

1 とかげをさがしています。すみっコぐらしはドアの向こうに
いるので、ドアがしまっている時は見えません。
左の㋐のドアから順番にドアを開けていきます。

1つ10点（20点）

㋐　　　㋑　　　㋒　　　㋓　　　㋔

① 一番早く見つかるのは、とかげが㋐〜㋔の
どのドアの向こうにいる時ですか。

答え □

② 一番おそく見つかるのは、とかげが㋐〜㋔のどの
ドアの向こうにいる時ですか。

答え □

2 いろいろな形がシーソーにのっています。
3つの絵を見て、星、ハート、クローバーを重い順に並べましょう。

1つ10点（30点）

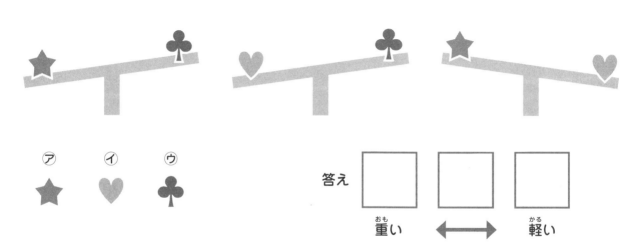

㋐　　　㋑　　　㋒

答え □ ⟷ □ □

重い　　⟷　　軽い

3 えびふらいのしっぽがとんかつに会いに行きます。
と中でおべん当のおかずを買ってくるようにたのまれました。
お店によりながら、一番早くとんかつのところに着くには、
何通りの道があるでしょう。

答え ☐ 通り

スタート

おべん当屋さん

ゴール

1 スタート地点から森の中のとかげ（本物）の所に遊びに行こうと
しています。⑦～⑦のどの命令のとき、とかげ（本物）の所に行くことが
できますか。

50点

⑦ 道が分かれていたら、右に行く
④ 道が分かれていたら、左に行く
⑦ 道が分かれていたら、はじめは右、次は左と行く方向を変える

答え

2 右のイラストの通りに、とんかつと材料を下からのせていくのに、まちがっているのは、どちらの順番でしょう。

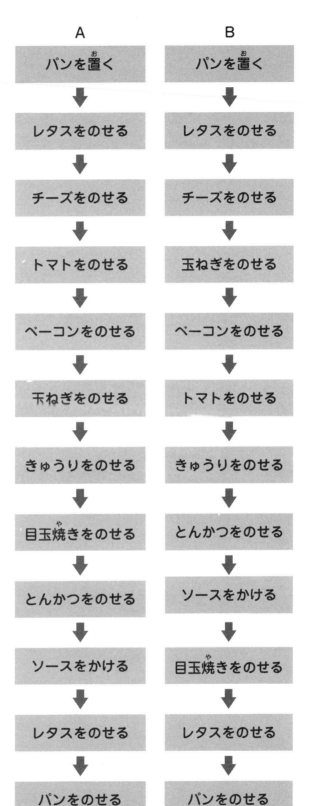

A	B
パンを置く	パンを置く
レタスをのせる	レタスをのせる
チーズをのせる	チーズをのせる
トマトをのせる	玉ねぎをのせる
ベーコンをのせる	ベーコンをのせる
玉ねぎをのせる	トマトをのせる
きゅうりをのせる	きゅうりをのせる
目玉焼きをのせる	とんかつをのせる
とんかつをのせる	ソースをかける
ソースをかける	目玉焼きをのせる
レタスをのせる	レタスをのせる
パンをのせる	パンをのせる
旗を立てる	旗を立てる

50点

答え

71

ふく習ドリル③

1 手作りですみっコぐらしのぬいぐるみを作っています。 〈1つ10点（50点）〉

1日に作られるぬいぐるみの数は、しろくまが6つ、とかげが2つ、
ぺんぎん？が3つ、ねこが4つ、とんかつが1つです。

① 1日に一番多く作られるぬいぐるみは
どれでしょう。　　　　　　　　答え

② 1日に一番少なく作られるぬいぐるみは
どれでしょう。　　　　　　　　答え

③ しろくまととんかつを合わせた場合と、とかげとぺんぎん？とねこを合わせた場合では、
どちらができあがったぬいぐるみの数が多いでしょう。

答え　　　　　　　　　　　　　　　　　　　　　　　　　の数が多い

④ 2日で作られるしろくまのぬいぐるみの数と、4日で作られるねこのぬいぐるみの数は、
どちらが多いでしょう。

答え　　　　　日で作る　　　　　　　　　　　　の方が多い

2 すみっコぐらしにアイテムをわたします。すみっコはアイテムを 1つ25点（50点）
1つだけしか持てません。アイテムを持っていても、
最後にわたされたアイテムを受け取ると、
前のアイテムはなくなります。

① ねこととんかつとしろくまにパンをわたしました。
その後、ねことしろくまにパンの入ったカゴをわたしました。
ねこにトングをわたしました。この場合、正しいイラストはどれでしょう。

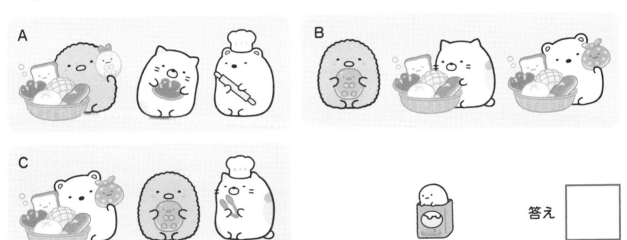

答え ☐

② とかげとねことしろくまにパンをわたしました。ぺんぎん？ととんかつにパンの入ったカゴを
わたしました。とかげにメモをわたしました。この場合、正しいイラストはどれでしょう。

答え ☐

月　日

点

できたね
シール

1 マス目に線を引きます。
下のような命令をした時、どの図になるでしょう。　5点

3回くり返す。

前に3つ進む。

右に直角に曲がる。

答え □

A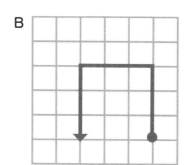

B

C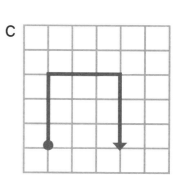

2 右の図を書いた時、アとイの
どちらの命令をしたでしょう。　5点

ア

2回くり返す。

前に2つ進む。

右を向く。

前に1つ進む。

左を向く。

イ

2回くり返す。

前に1つ進む。

右を向く。

前に2つ進む。

左を向く。

答え □

❸ 二進法の足し算をしましょう。
また十進法で表すといくつになりますか。

①

	0	1	0	0	0
+	0	1	0	0	1

②

	0	1	0	1	0
+	0	1	1	0	0

③

	1	0	0	1	1
+	0	1	1	0	0

❹ 二進法の引き算をしましょう。
また十進法で表すといくつになりますか。

①

	0	1	1	1	0
−	0	0	0	1	1

②

	1	0	0	1	0
−	0	0	1	1	0

③

	1	1	0	1	0
−	0	0	1	0	1

5 二進法のかけ算をしましょう。

① 7×2

	1	1	1
×		1	0

② 4×3

	1	0	0
×		1	1

③ 5×4

	1	0	1
×	1	0	0

6 二進法のわり算をしましょう。

① 12÷4

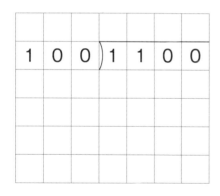

② 15÷3

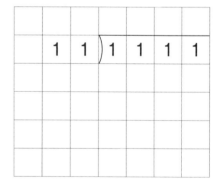

③ 10÷5

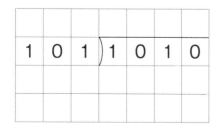

答え合わせ

練習問題 順じょ・くり返し・場合分け （6ページ）

①ぺんぎん？
　とんかつ
　ねこ
　とかげ
　しろくま
②9

1 順じょ （7・8ページ）

1 イ・エ→ウ→ア→オ
2 ウ→エ→イ→ア→オ
3 前に進む。
　左に向く。
　前に進む。
　右に向く。
　前に進む。
4 ア

2 くり返し （9・10ページ）

1 ⑤
2 イ
3 3、2
4 ア

3 場合分け （11・12ページ）

1 ウ
2 ①○、②△、③○、④×
3 ①飛行機　②電車
4 ①1　　②1　　③2

場合分けであそんでみよう （13ページ）

とくに答えはありません

4 まとめの問題 （14-17ページ）

1 たぴおかを並べる。
2 5
3 ピンクの星を並べる。
　黄色の星を並べる。
4 3
5 ピンクの星を並べる。
6 ない
7 くり返す
8 何もしない

練習問題 アルゴリズム （20ページ）

①5　②右、下、右

5 アルゴリズム① （21・22ページ）

1 ア→オ→カ
2 ①ーイ、②ーウ、③ーア

6 アルゴリズム② （23・24ページ）

1
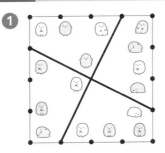

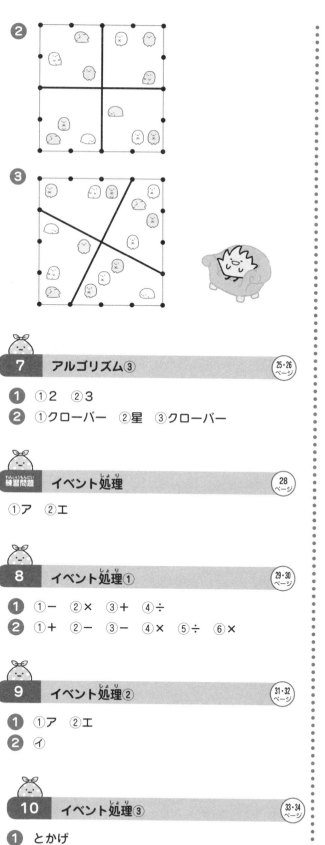

2

3

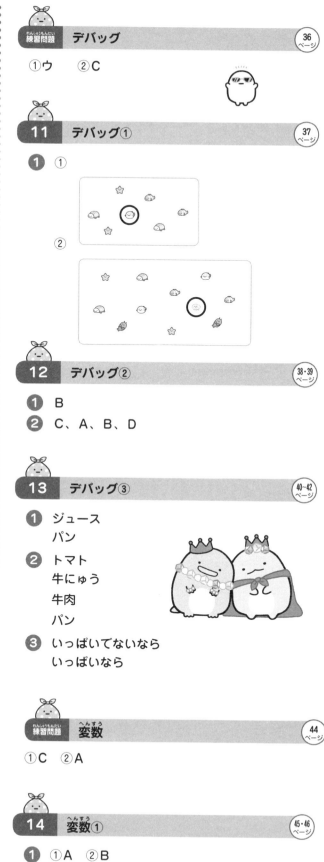

2 ①B ②A

1 ①6 ②4 ③8
2 ①12 ①16 ③14

1 ①あ ②う
2 ①ウ→エ→ア→イ
　②オ、ク

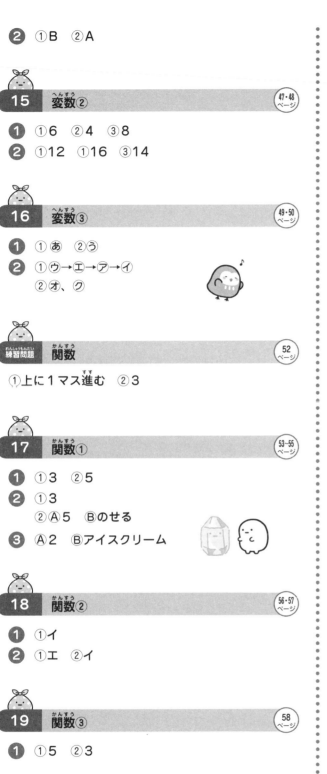

①上に1マス進む ②3

1 ①3 ②5
2 ①3
　②A5　Bのせる
3 A2　Bアイスクリーム

1 ①イ
2 ①エ ②イ

1 ①5 ②3

①01101 ②5 ③26

1 ①3 ②1 ③7
2 ①00101 ②00111
　③01001
3 ①9 ②23 ③13

1 ①00011 ②00101
　③01101 ④11001
2 ①01100

	0	0	0	1	1
+	0	1	0	0	1
	0	1	1	0	0

　②11100

	1	0	1	1	0
+	0	0	1	1	0
	1	1	1	0	0

3 ①00100 ②00010
　③00011 ④01110

4 ①01001

	0	1	1	0	1
−	0	0	1	0	0
	0	1	0	0	1

　②01010

	1	0	1	0	1
−	0	1	0	1	1
	0	1	0	1	0

1 ①

		1	0	1
×			1	0
		0	0	0
	1	0	1	
	1	0	1	0

②

			1	1
×			1	1
			1	1
		1	1	
	1	0	0	1

③

		1	0	0
×			1	0
		0	0	0
	1	0	0	
	1	0	0	0

④

		1	1	0
×			1	0
		0	0	0
	1	1	0	
	1	1	0	0

②

①
```
          1 0
1 1 0 ) 1 1 0 0
        1 1 0
            0
```

②
```
          1 0 0
1 0 1 ) 1 0 0 0 0
        1 0 1
            1 0
             0
```

③
```
        1 1
1 0 ) 1 1 0
      1 0
      1 0
      1 0
        0
```

④
```
          1 0 0
1 1 ) 1 1 0 0
      1 1
         0
```

③

①
```
    1 0 1
×     1 1
    1 0 1
1 0 1
1 1 1 1
```

②
```
              1 1
1 0 1 ) 1 1 1 1
        1 0 1
          1 0 1
          1 0 1
              0
```

※商に0がたつ計算は省略しています。

23 ふく習ドリル① 68・69ページ

1 ①ア ②オ

2 ②イ、ア、ウ

3 4

24 ふく習ドリル② 70・71ページ

1 ア

2 A

25 ふく習ドリル③ 72・73ページ

1 ①しろくま　②とんかつ
③とかげとぺんぎん？とねこ
④4、ねこ

2 ①C　②B

---

26 ふく習ドリル④ 74~76ページ

1 ①C

2 ②イ

3 ①10001、17　②10110、22
③11111、31

4 ①01011、11　②01100、12
③10101、21

5 ①1110　②1100
```
    1 1 1              1 0 0
×     1 0            ×   1 1
    0 0 0              1 0 0
  1 1 1            1 0 0
  1 1 1 0          1 1 0 0
```

③10100
```
      1 0 1
×   1 0 0
    1 0 1
1 0 1 0 0
```

6

①
```
            1 1
1 0 0 ) 1 1 0 0
        1 0 0
          1 0 0
          1 0 0
              0
```

②
```
          1 0 1
1 1 ) 1 1 1 1
      1 1
        0 1 1
          1 1
            0
```

③
```
            1 0
1 0 1 ) 1 0 1 0
        1 0 1
            0
```

80